Car Designer Joji Nagashima
カーデザイナー 永島譲二

Contents

3　まえがき 髙次信也

4　まえがき 片岡祐司

6　Luxury Car 贅を極めた偉容

16　People's Car 人々の毎日を支える相棒

58　Sports Car つわものたちの夢

88　Series for CAR GRAPHIC

94　あとがき 永島譲二

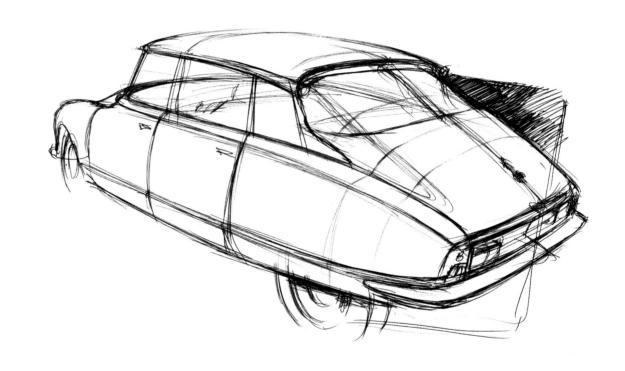

永島譲二的世界について

名古屋芸術大学　芸術学部デザイン領域　カーデザインコース　髙次信也

　永島譲二氏の水彩イラストレーションとモノクロームスケッチを一堂に集めた展覧会を思い立ち、企画をスタートしたのは昨年の夏のことでした。『CAR GRAPHIC』誌上に毎月掲載される「駄車・名車・古車 デザイナー的見解」というタイトルの記事の中で、ページの前後に配されるイラストレーションは自動車、とりわけそのスタイリングデザインに興味を持つ人たちに大いなる愉しみと心地よい刺激を与えてくれる作品となっています。

　しかし連載記事の宿命で新しい作品が出る度に古い作品は記憶の片隅に追いやられ忘れ去られて行きます。時折思い立ってバックナンバーを繰るのは楽しい作業ではあるけれど、一度作品の全体像を眺めてその世界観を感じてみたいという想いが今回の展覧会企画の根底にありました。彼のイラストレーションを文章で表現するのは難しいのですが一言で言えば見る者の想像力を喚起させる「隙のある」表現が魅力となっているのではないでしょうか。

　キレの良いトリミングによるダイナミックな構図、微妙な（時には大胆な）デフォルメ、水彩の筆のタッチや滲みが醸し出す柔らかな雰囲気が混然一体となってモチーフとなった車のキャラクターを表現しているのですが、作品全体に見る者の想像力や知的好奇心を誘い込むような「隙」や「間」が漂っていると感じられるのです。さらに作品に添えられた短いコメントがスパイスの役割を果たして見る者を作品の世界に包み込むといった味わいも感じられます。写真やコンピューターグラフィックスでは表現し得ないハンドドローイングとハンドライティングの合わせ技の世界がそこにあります。これらのイラストレーションの間に挟まれたエッセイとも言うべき本文の内容は幅広い話題や知識に溢れていて興味が尽きません。

　永島氏はプロのカーデザイナーですから自動車のデザインをテーマにした話題が多いのは当然ですが、長く欧米で生活されている経験から日本と欧米の文化の違いに根差す事象も語られます。その切り口は映画であったり小説であったり、生活の中の出来事であったりするのですが読者は日本の習慣や情報に慣らされた自らの視野の狭さに気づかされることになります。エッセイと言うにはあまりに批評家精神に溢れ、文明批評、デザイン批評と言うにはユーモア精神が炸裂するこれらの文章をどう称してよいのか適切な言葉が見つからないのですが、ともあれこの不思議な文章とイラストレーションおよびコメントの組み合わせが相乗効果を発揮して類稀なる永島譲二的世界を作り出していることは間違いのないところです。長年連載を続けることは才能ばかりでなく調査研究に多大な努力が必要になるわけですが、永島譲二氏がなぜ自動車の形態とそれを取り巻く環境についての研究を続け発表し続けるのかということが少しばかり理解できる文章があるのでここに引用します。「…それはカッコイイから売れる、カッコ悪いから売れないといった次元の話ではない。自動車のカタチには美しかろうと醜かろうと、マトモだろうとヘンテコだろうと、ファッショナブルだろうとそうでなかろうと、とにかくそうしたことと関わりのない次元で人の心をつかめる形とそうでない形があるような気が僕はしている。（中略）これは美術や工芸の分野であまたの作品の中にときどきアタマひとつ突出して人を惹きつける力のあるものが現れるのと同じことだろう。そうした特別のものというのは人為的に作ろうと思って作れるものではなく偶然のようにしか生まれ得ない…」

　彼は自動車の形態の魅力とは何かという解を探す、終わりのない航海に出ているのではないでしょうか。そして毎月彼の記事を心待ちにしている読者はその航海がいつまでも続くことを願わずにはいられません。

　「駄車・名車・古車 デザイナー的見解」は長く連載が続き、イラストレーション作品も100点を超える規模となりました。今回の展覧会のために制作した新作も含めた中から永島氏が選んだ作品を集めて、彼の世界観を表現した作品集を制作しましたのでこれを機に「永島譲二的世界」に浸っていただければ幸いです。

名古屋芸術大学とカーデザイン

名古屋芸術大学　芸術学部デザイン領域　カーデザインコース　片岡祐司

　多くの皆さんが興味を持たれている自動車。世界中いたるところでこの便利な道具は働いており、時としては友達であったり、宝物であったり、ファッションのひとつであったりもします。一方で、その重要な役割を担っているカーデザイナーや、その現場についてはあまり知られることはありません。でも、そこはとてもクリエイティブで楽しい夢工場です。スケッチあり、立体のモデルがあり、カラーデザインやグラフィック、素材のデザイン、最近では3D CGやインターフェースまで仕事の範囲が広がっており、多くのデザイナーがその仕事を楽しんでいます。その自動車産業の中心的な存在となっているのが中部地区で、そこに名古屋芸術大学は2016年に、日本の大学として初めて本格的なカーデザインコースを開設しました。そしてこの度、ドイツのBMW AG デザイン部門 エクステリア クリエイティブ ディレクターとして世界的に活躍する永島譲二氏に本学カーデザインコースの特別客員教授として着任いただき、その活動を通して多くの皆さんにカーデザインについて理解を深めていただく企画を立てました。永島氏はカーデザイナーであると同時に、『CAR GRAPHIC』誌に連載のイラストやコラムなどの活動で、自動車研究家、イラストレーターとしても知られており、この度はその作品展の開催と画集を発刊する運びとなりました。

　永島氏の作品は、本書に見られるように、カーイラストをアートとしてまでも高め、その表現も水彩という伝統的な手法によっています。そしてそこに描かれた自動車たちのデザインの魅力を、おそらくそれぞれの車のデザイナー以上に深く理解して表現しています。描かれた自動車の形に製作者たちが込めた思いまでも感じ取ることができます。これは今まで多くの名車を生み出してきたカーデザイナーだからこそ描けるもので、このことが本学カーデザインコースとしても大いに参考とするところと考えています。

　デザインはアートのひとつの分野です。カーデザインももちろんアートの一分野で、そこには研ぎ澄まされた感性が必要です。理屈や理論、技術のみではデザインを理解することも、まして生み出すことも難しいのです。そのことを踏まえ、本学カーデザインコースの特徴は基礎を重視した教育方針にあります。スケッチ表現やモデルはまずは手で描き、手で作る。自分の体で表現力を身に着け、同時に感性を伸ばすことにこだわっています。現在はIT環境が整い、教育環境もデジタル表現に注力するところが多々見られ、CGやCAD、3Dプリンタを活用したモデリングなどを採り入れる傾向が増えています。しかしながら、スケッチの意味、モデリングの重要性、立体デザインの基本を理解せずしてデジタルツールを使っても、表面的なデザインにとどまり、デザインの本質に迫ることができません。

　これから我々の仕事の多くはロボットやコンピューターに置き換わるでしょう、そんな時代こそ、基礎の力を大切にして人間にのみ備わる感性や創造力を高めなければなりません。永島氏にはこのことを学生たちに伝えていただきたいと思っています。

　名古屋芸術大学は日本でも数少ない総合芸術大学です。芸術学部は全国で初めて音楽、美術、デザインを統合しました。このような環境で、学生は常にファインアートや音楽についても触れることができ、授業を受講することもできます。クリエイティブな環境が整っており、幅広い感性の形成を促しています。本学はこれまでも多くのカーデザイナーを送り出しており、いずれも大手メーカーで活躍していますが、ここに永島氏を特別客員教授としてお招きすることで、さらに多くの学生たちにカーデザイナーという素晴らしい仕事への道を伝えることができると考えています。また今回の展覧会や本書の発刊で在学生や卒業生のみならず、デザイン、自動車業界の方、これを愛好いただく多くの皆さんに、カーデザインがアートにまで高めることのできる価値ある仕事であることをご理解いただくことを願っております。

Luxury Car

Bugatti T57 Aerolithe 1935

ブガッティという車の印象は工業製品というよりも純粋造形作品に近い。実物を間近に見ると本当にそう思わされる。工業デザインと純粋造形作品の決定的ちがいのひとつは、前者は"時代のトレンド"に対し新しいか古いかが評価の際の大きな基準になるのに対し、後者の純粋造形作品（たとえば彫刻）は時流とは関わりなく独自の世界をつくり出そうとするところにあるだろう。ブガッティはどの車種も現代に至るまで大きな賞賛の対象となっているが「新しい」という褒められ方だけはされたことがない。それはやはりブガッティ車が本質的に純粋な造形作品として形づくられたものだからなのだろうと思う。

贅を極めた偉容

　1927〜33年の間に7台だけつくられたブガッティ・ロワイヤルは当時普通の家なら優に7,8軒買えるほどの高価な車だった。1台1台に異なるボディが架装されたが、その中の1台は2人乗りのロードスターに設（しつら）えられていた。注文主はパリの服装界のドン、アルマン・エスデールなる人物。ホイールベース4.3m、全長6.4m、エンジン排気量12,800ccというバスのような巨大な車が2人乗りにつくられている。このとてつもない車にはヘッドライトがついていなかった。これは昼間しか乗らない車、というシャレのためにわざと注文主がライトをはずしたためだ……。

　「始末の極意」という落語がある。別名けちくらべ。2人の人物が極端なケチの方法を競い合う話である。とてもオモシロイ。それで、もしこれとは真逆の「ぜいたくくらべ」という噺があったらどうだろう。極端すぎるぜいたくを競い合う話。きっと今述べたブガッティ・ロワイヤルのような車が登場してくるのではないか。

　しかし実際には「ぜいたくくらべ」という落語はないようである。ネットで調べた限りではそういう噺は見つからなかった。極端なケチの話はあっても極端なぜいたくの話は見あたらない。

　僕は思う。世界の中で日本人というのはつくづくぜいたくの苦手な国民だと。「昔に比べて日本人はぜいたくになった」などという声を聞くこともあり、たしかにチマチマしたぜいたくは広まったが、たとえば「50億円やるから無駄遣いしろ」と命じられたとして、その際に考えつく「ぜいたく」の範囲が日本人は知れている。無意識的に自分にブレーキをかけてしまうのか、倹約する方法はいくらでも考えつくがぜいたくの方向にはあまり想像力が働かない。

　前記のブガッティ・ロワイヤルのような車が日本自動車史上には1台も現れたことがないのもそうした理由によるものだろう。いや、もちろんそんな車はなくても全然構わないわけだが。

Buick Riviera 1979-85

1980年ごろのビュイック・リヴィエラ♂。形もフンイキも高水準ですよ。戦争からコッチでは稀に見るカッコイイ車だと思いますがね。アメリカ車を軽く見ちゃイケマセン。

Cadillac Coupe de Ville 1956

米国自動車産業の中心地デトロイトは開拓時代、フランスからの植民者が多かった。キャデラックという名は実はフランス人開拓者カディヤックの英語読みで、フランス南西部ボルドーのそばに正にその名の町がある。今でもデトロイトのダウンタウンには広場から放射状に道路が延びるフランス式の都市レイアウトの片鱗が見られる。アメリカの「ドルの笑い」の象徴のようなイメージのキャデラックだがモトをたどれば意外にフレンチにつながるというおはなしでした。

Rolls Royce Silver Shadow 1965-76

　何だこのやたらカラフルな絵は?……自動車のイラストというのはどこまで抽象的に描いてよいものだろう？　ただのイラストでなく「自動車のイラスト」であろうとするならどうしてもある程度の写実性を確保しなくてはなるまい。とか何とかブツブツ考えながら描きおわると車の左側が空いているので猫を描き加えた。一種の三毛猫か。

Ford Galaxie 1965-68

　小学生の頃、米国製TVシリーズの"FBI"が日本で放映されていた。本国でのスポンサーがフォードであるようで、劇中出てくる車がすべてフォードだった。捜査官の乗る車も逃げる悪役の乗る車もフォードなら街中の場面で通りすぎる車、駐車してる車、車という車すべてがフォード。緊迫のドラマがそのせいでギャグのように見えた。ほどほどということを心がけましょー。

Citroen SM 1970-75

　退廃的雰囲気をもつシトロエンSM。こういう妖しい車は「黒蜥蜴（とかげ）」に出てくる美輪明宏のような心もちにならなくてはデザインできまい。といっても本当に三島由紀夫の剥製（はくせい）をつくるわけにもいかないのでデザイナーは自分に暗示をかけてその役になりきってデザインを行うのである。デザイナーとは自己催眠のシゴトなのである。その点俳優と似た職業なのではないかと思う。

BMW Concept 8 Series 2017

People's Car

Citroen 2CV 1948-90

　第二次大戦はもちろんだが第一次世界大戦だってヨーロッパではまだまだ忘れられてはいない。北フランスのアルデンヌ地方は赤いケシの花が有名だがそのあたりは第一次、第二次両大戦の激戦地。そのためケシの花は戦場に咲く花とも言われている。「花はどこに行った」という歌があるがそのあたりのケシの花はいくら摘んでも摘みきれない。

人々の毎日を支える相棒

　個人的なことを言わしてもらうなら、僕はレーシング・カーよりもスポーツ・カーよりも高級パーソナル・カーよりも廉価な大衆車に大きな関心を抱いている。デザインする際、どんな特別なポジションの車よりもいわゆる大衆車の方がやりがいがあると考えているからである。

　たとえばスーパー・カーと呼ばれるようなスゴいスポーツ・カーのデザインはある意味とても簡単なのである。まずコストの制約が少ない。売り値が高いから生産コストが少々高くなっても許される。またつくる台数が少ないからアセンブリー工程での無理も色々利くし、本当に生産量の限定された車だと厳格な安全基準も「例外車種」として多少の自由度を認めてもらえる特典もある。デザインの方向性もただ「ひたすらスポーティーに」と絞ればいいわけだから迷う余地もなく実に単純。

　大衆車はすべての点で真逆となる。コストの制約は冗談かと思えるほどにキツく、大量生産だから生産工程での無理は一切利かず、世界各国の安全基準は当然すべて満たし、デザインの方向性は単純明快に絞り込むことなどできない。さらには燃費の要求がきついから空力もシビアだし購買者の払う修理代や保険料のことまで考慮しなくてはならない。このようにむずかしいから、良いデザインの大衆車は中々ない。感心できるような安物車というのは稀である。

　でも、だからこそやりがいがあるのである。挑戦のしがいがあって面白いのである。僕にとってデザインとはそういうものだ。これは山登りの好きな人が楽な山よりむずかしい山の方を愛するのと同じようなことだと思う。そうです、アナタもやってみればきっと同じように思います。いや……思わないかな？

　過去をふり返ると大傑作デザインの大衆車は数は少ないが、それらは全自動車史の中でも特級の輝きを放っている。それほどの大傑作ではなくとも大衆車は生産国の不特定多数の時々の性向のようなものをよく映し出し、多くのことを学ばせてくれる。

Citroen AMI 6 1961-69

よく自動車史上もっとも美しい車はシトロエンDS、最もアグリーな車はシトロエンのアミ6(↑)などと言われますが、両車どちらもフラミニオ・ベルトーニのデザインだそうです。そのベルトーニと知り合いだった僕のルノー時代の上司によるとベルトーニ本人はこのアミ6を非常に誇りにしていたそうです。僕もアミ6は好きです。

Citroen Dyane 1967-69

　この車が女性マーケットを狙ってつくられた車であることは車名がディアーヌ（英語ならダイアン、ダイアナ）という女性名であることでわかる。しかし女性向けだから笑顔の感じにしようとかカワイく丸っこくしようとか、そういう花柄ポット的発想には頼らず、ディアーヌはむしろ車高が高くスマートでない形の車である。しかしパリなどでこの車に土地の女性が乗っているとモード雑誌の切り抜きのように洒落て見え、目を奪われることがよくある。ディアーヌは「粋」という発想のデザインの車である。粋という美意識は日本独特のものという説を、僕は支持しない。

Peugeot 202 Camionnette 1938-49

　プジョーの小型トラックはどういうつくりになっているのか知らないがおそろしく頑丈にできているようでとてつもなく古い型のものを見ることがある。数年前、南仏の田舎道で向こうからやって来る戦前型のプジョーの小型トラックとすれちがった。1930年代の設計の車がまだ全くの実用に使われているのだ。日焼けし切って元の色がわからなくなったその太古の車を麦わら帽をかぶったあごひげの農夫が運転していた。一瞬ゴッホじゃないかと思った。

Tempo Hanseat 1949-56

　今では高性能車、高級車の代名詞のようになったドイツの自動車。しかし戦後しばらくドイツにはこの絵のような質素な生活を支える質素な車がたくさんあった。ちょうど日本にオート3輪が多かったのと同じことだ。そのごも、ドイツ人の暮らしむきは概ね質素で、個人の家庭ではテレビは1970年代まで、電話は80年代までなかったというケースがむしろ普通である。ドイツの夏は結構暑いが、今でもクーラーはほとんど普及していない。ダイキン、セールスに行ってみたら？

Peugeot 404 pickup 1960-79

　パリで『アルジェの戦い』という映画を見た。アルジェリアのフランスからの独立運動を描いた1966年作の白黒映画。はじめて見たのは中学生の頃だった。約40年ぶりに再び見たことになる。そりゃあ懐かしい感慨もあったし、またこういう映画は何年経とうと忘れられるべきではないとも思った。パリには古い映画ばかりを上映する映画館がたくさんある。東京で古い映画を見ようとしてもそう簡単には見られないだろう。パリはハリウッドとはちがう意味でやはり「映画の都」だなと思わされる街なのである。

Citroen Type H 1947-81

　かなり昔のことだが六本木のある花屋がピンクに塗装したこの車を配達用に使っていた。サイドに大きなガラスを入れ、中の花が見えるようになっていた。あれは良かったな。商業車でオシャレをしようというのは本当にシャレた考えだと思う。自動車はスポーツ・カーだけがカッコイイなどと思ったら大まちがい!

Peugeot 304 Break 1970-80

　プジョー304は大変魅力のある車だと思う。しかしその魅力を説明することはむずかしい。大半の人が「ただの平凡な大衆車」という目でしかこの車を見ないからだ。素晴らしくおいしいメンチカツ、と思っても「でもたかがメンチカツじゃない」と言われてしまうようなもの。でも一生忘れられないほどのおいしいメンチカツというのも実際あるのだ。一時マジで買おうと考えたほど、僕はプジョー304を魅力的な車だと思っている。

Bedford Vehicles CA Van
1952-1969

イギリスの古い商業車は面白い。乗用車より余程傑作デザインが多いと思います。↑これはベッドフォードCAハーフ・トン・ヴァンの"ユティラブレイク"仕様。このシリーズは1952年から69年までに計37万台を造られた大ベストセラーです。／それはそうと紙がなくなって箱のウラに描きました。その箱はゴミバコから拾ったもの。リサイクルになってます。

Peugeot 402 Darl'mat Coupe 1936

　この車をデザインしたのはジョルジュ・ポランという人だ。ポランはプールトゥーというコーチ・ビルダーと協同し1930年代後半に多くの秀作を物（もの）にした。その作風を一言で言うなら「完璧なプロポーションによる流線形」。ハードトップがそっくりトランクに入る機械式コンバーティブルもポランの発明。ポランは大戦中レジスタンスに参加し、最後はドイツ軍に逮捕され銃殺された。日本でははとんど知られていないのでそういう人がいたということを書いておきたいと思った。

Peugeot 204 1965-76

こんな平凡な車は、いわゆるデザイン賞の対象にはなりそうもない。しかしプジョー204はシャレていて、自然な品がある。そしてどこか優しい風情がある。分析も計画もできないそんな側面こそが、デザインという行為の最も深い価値ではないか。

Peugeot 304 cabriolet 1970-75

プジョーのカブリオレというと『刑事コロンボ』に出てきた403カブリオレを思い出す。
他のどんな車を持ってきてもダメを出し続ける主演のピーター・フォークが唯一オーケーし
たのがあのボロボロのプジョーだったのだそう。コロンボの撮影のために2台の同型車が
使われたが、じつはその2台が当時アメリカに存在した403カブリオレのすべてだったらし
い。何にせよかつてのプジョーは古くなってから味わいの出てくるシブい車だった。ちな
みに絵の車は304カブリオレで、コロンボの403カブリオレとは別車種。まぎらわしいねぇ。

Simca 90A Aronde 1955-58

　昔見た映画でも、出てきた自動車のことはよくおぼえている。J.デュヴィヴィエ監督の『殺意の瞬間』という映画にこの絵とほぼ同型のシムカ・アロンドのバンが出てきた。主役のジャン・ギャバンがそれを運転する。この時代のシムカはアメリカ車のデザインの後を追った性格の曖昧な車でジャン・ギャバンが乗るにはどうにも似つかわしくない。『現金に手を出すな』というギャング映画ではジャン・ギャバンがドライエ135を運転する場面があるが、あの組み合わせこそ最高だ。映画批評にもいろいろあるが、使われる車を中心とした批評なんてのはいかが?

Simca 90A Aronde 1955-58

シムカはフィアットによって設立された会社だが戦後フォードの資本を受け入れた時期がある。そののちクライスラーと提携するが1960年代中盤、そのクライスラーにシムカは強引に買収されてしまい、社名はクライスラー・フランスに変更。そのクライスラーが1977年に破綻したときヨーロッパの事業はすべてプジョーに売却され、元シムカはプジョーの下でタルボと名前を再び変更。そのタルボ・ブランドは1986年を最後に消滅。一時はフランスでルノーに次ぐ第2のメーカーだったこともあるシムカだが、何となく最初から最後まで影の薄い車ばかり造っていたように思えてならない。

Panhard PL17   1959-65

　フランスでは戦争直後、それまで戦闘機用に増産されていたアルミニウム板の需要が減り、価格が急落した時期があった。その落ちた価格に目をつけたパナールはアルミ・ボディの車をつくる決定を下した。ところがそのごアルミの価格はジリジリと正常に戻り、パナールは経済的にマズい状態に陥った。それでシトロエンに援助を求めることとなり、結局はそのシトロエンに併合されてパナール・ブランドは消滅することとなった。安いからって飛びついちゃいけませんよ。

Panhard Dyna Z 1954-59

パナール・ディナZ↑。もうとっくに乗用車はつくっていないのですが、世界最初の自動車会社(の一つ)、パナールはパリ十三区中華街のハシッコにいまだ存続しております。ほんとはパンアールと言うようです。ところで今回はサイシュー回のつもりで書きだしたら途中で事情がチトかわりました。

Citroen GS 1970-86

シトロエンGSは1970年代、日本に相当数が輸入された。当時の日本の交通の中でこの車がやって来ると背後の雲が割れて天使が祝福を与えている様が一緒に幻視されるほどに尋常でなくカッコよく、洒落て見えた。この表現、決して大げさではありません。ああいう感動を与える車は、今後はもう出ることはないだろう。自動車デザイナーを志望する人は将来も出てはくるのだろうが、ああいうショックを知らずにそのシゴトにつく人たちは、おじさんにはどうしても気の毒に思えて仕方ないのです。

Citroen DS 1968-75

　シトロエンDSは僕が歴史上すべての車の中で造形的に最も畏敬の念を抱く車だ。完璧に計算され一切破綻のない形をしている。それでいて他車から借りてきたアイデアというものがどこにも見あたらない。……こういう特別な車が生産国フランスではただ壊れない、おとなしい、人がたくさん乗れるオトーサンのファミリー・カーというイメージで見られていることを知った時にはちょっと驚いた。

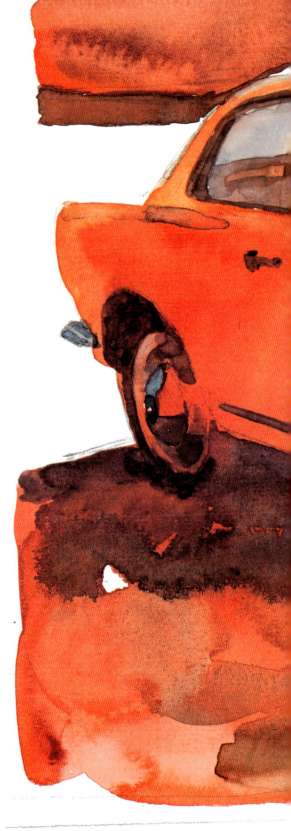

「わが軍の爆撃によりネス湖の怪物の死体が浮いた」と真顔で演説したこともあるムソリーニ。ホントのワケがないと知りつつも熱狂した民衆。そのころのムソリーニは自分がローマ皇帝になったつもりで、彼のオフィスは入口からデスクまで歩いて3分かかるぐらい巨大だったそうです。そのムソリーニの公用車だったという車をある博物館で見たことがあります。それはやぼったい黒塗りのリムジンではなく赤いアルファ・ロメオ（たしか6C 2500）のクーペでした（上の絵とはカンケーなし）。このシャレた車に乗るアブナイおじさんの独裁者は最後はスイスに逃亡しようとしてつかまり、その銃殺死体は吊るしあげられ激昂した群集の投石にさらされました。なんだかすべてがイタリアン・オペラを見るようです。

Alfa Romeo Giulietta 1954-65

ジュリエッタというこの車の名は明らかにメーカー名アルファ・ロメオの"ロメオ"の部分とのつながりからつけられたもの。つまりロメオとジュリエッタ（ロミオとジュリエット）ということだ。北イタリアのヴェローナの街にジュリエットが住んでいた家というのがあり、観光名所になっている。シェークスピアの戯曲の舞台はたしかにヴェローナだ。しかし架空の物語だから本当に家があるわけがない。でもそんなことをいちいち気にしてたらイタリアは楽しめない。

Opel Olympia Rekord 1953-57

　オペルは僕が最初に就職しデザイナーとしての新入生時代をすごした会社だ。忘れようとしても忘れられぬその時代の辛い思い出。オペルの所在地リュッセルスハイムの街はトルコ系住民が多い。ある時一軒のトルコ・サンドイッチ屋でサンドイッチを買い、入っていた緑色のトウガラシを食べると途端に口の中に画鋲（がびょう）を放り込んだかのような痛みが走った。あんなすごいトウガラシは後にも先にも食べたことがない。辛い思い出とは「ツラい思い出」ではなく「カラい思い出」と読んで下さいというお話。

タトラ87。有名なわりには手近に資料がない！大体こんなものか

Tatra 87 1936-50

39

NSU PRINZ1000 1963-72

　米車シボレー・コーヴェアが1959年に登場すると、そのデザインは世界中多くの自動車メーカーにこぞって真似されることとなった。そのマネをした1台がこのNSUプリンツだ。他車のデザインのアイデアを借りる例は決して珍しいことではない。問題はその借りてきたものをどう調理するかだ。中にはオリジナルより良くなって高い評価を受けるものもある。NSUプリンツだって決して悪くない。悪くはないが素晴らしいというほどでもない。次回頑張ってくださいのクチだ。もっともNSUというブランドはとっくにないので「次回」もないわけだが。

FMR(Messerschmitt) Tg500
1958-61

この車の座席配置はタテに2座、つまりタンデムである。非常に珍しい。しかし1920年代まで遡（さかのぼ）ればタンデムの車はいくつもあった。それよりずっとレアな、自動車史上おそらくメッサーシュミットが唯一と思われるフィーチャーがある。それはインテリアのヘビ柄の内張りだ。本物のヘビ革は高いからプリントだと思うがこの車、ヘビ革模様のストライプが内装に使われていた。ヘビのきらいな人は注意しましょう。

VW Type1　1938-2003

フォルクスワーゲンとはドイツ語で大衆車の意。普通名詞の「大衆車」がそのまま社名になり車名になった……。ドイツにはZFという世界的シェアを誇る変速機のメーカーがあるがZFとは"ツァーンラードファブリーク"、つまりこれも普通名詞で「歯車製作所」のこと。名前を考えるのが面倒臭いのか、ドイツ人？

Nash Ambassador 1955

　ごく幼い時、"ハイウェイ・パトロール"という米国製TV番組を見た記憶がある。最近になってアメリカで深夜の再放送でその番組を見る機会があり、主人公の乗るパトカーがナッシュであったことを知った。そのご調べると"ハイウェイ・パトロール"をオリジナルで見たのは僕が2歳そこそこの時であったことが判明した。人生最初の記憶のひとつである。人生最初の記憶がこんなヘンな形の車だったというのは、果たして良かったのかマズかったのか？

Chrysler Windsor 1949-52

　雪に埋もれた車を描いたのははじめてかもしれない。雪ってのは真っ白にしとけばいいかと言うと、それでは雪に見えない。だからと言って色をつけすぎるとこれまた雪に見えなくなってしまう。コンピューターで描く絵とちがって手書きの水彩は一度絵具のついた筆を紙に置いてしまうともうあと戻りはできない。雪を描くのは、だから中々緊張させられる。ヒッチコックの映画に『白の恐怖』というのがあったがなるほど白い雪を描くのは恐怖の伴う作業のようである。

Studebaker Commander Station wagon 1951

　よくある話。この絵の車はあのピースの箱をデザインした有名デザイナー、レイモンド・ローウィがデザインした、ということになっている。しかしレイモンド・ローウィという人は他の人が行ったデザインを自分の名で発表し自分の功績にしていた、といったことをよく耳にする。「オレの描いたスケッチにサインだけローウィがして自分の作品ということにしやがったんだ!」 実際にローウィのオフィスで働いていた人から直接聞かされたこともある。まぁ本当でしょうね。……よくある話でした。

Jaguar Mk.II 1959-69

　Jaguarという語は原語ではジャギュアーに近く発音される。それで、1970年代だったか日本のインポーターがジャガーという日本名を改め"ジャギュア"に変更しようとしたことがあった。しかしその名は根付くことなく、結局ジャガーはジャガーのままで今日に至っている。話はちがうが、Jaeger le Coultreというスイスの高級時計メーカーがあり、これが日本ではジャガー・ルクルトと呼ばれている。本当はジェジェ・ル・クールトル。外国名（と外来語）の日本化は段々極端になってきている、と僕は思っている。

Jaguar Mk.II 1959-69

　この車のデザインには誉めるべき点がいくつもある。クラシカルで、洋服で言うならグレイのスーツのようでいながら走らせたらスポーティーに走りそうに見えること。地味のようでいながら華がある。ジャガーという車に望まれる英国趣味を強調して表現しているところも良いと思う。本当を言うとちょっとプロポーションのおかしいところもある（前のオーバーハングが長すぎる）が総体として非常に美しい車だ。若い頃の朝丘雪路が白いこの車に乗っていたことも、まあプラスのポイントに加えておこう。

Austin 70 Hereford Countryman 1950-54

1950年代前半のオースティン・A70 ヘレフォード・カントリーマン。この頃のオースティンはボンネット上に"オースティン・オブ・イングランド"とロゴが入っていました。これはちょっと他の国にはないでしょうね、だってボンネットの上に"日本のトヨタ"なんて書いてあったら誰も買いませんよね。

Renault 4CV　1947-61

　ルノー4CVは日本でも日野自動車がライセンス生産していた。東京でその日野ルノーばかりを使うタクシー会社があり、子供の時に乗った憶えがある。その車は全身真っ青の塗装だった。前席のドア内張りにゴムで口のしまるポケットがついており、運転手は料金を入れる大きなガマグチをそのポケットに仕舞っていた。リア搭載の独特なエンジンの音もよく憶えている。……大切なことは忘れるがどうでもいいことはよく憶えている。人間の脳は記憶すべきこととそうでないことをどのように選別しているのか?

Renault 4CV 1947-61

　1947年、生産に入った最初期のルノー4CVはどれも黄色っぽいベージュに塗装されていた。それは戦争時代から余っていたペイントを使用したためで、元々その塗料はロンメル将軍の北アフリカ部隊の車両を砂漠での保護色に塗装するために用いられたものだった。戦後のドイツがナチスに関わるすべてを否定し自らその関係者を糾弾、処罰する中で、将軍でありながらナチ政権と距離を置きヒトラー暗殺計画にも加担したロンメルは今日に至るまで一定の尊敬を受けている。

Renault 4 1961-1992

　ルノーでは出勤するとオフィスで出会う人の全員と毎朝必ず握手をした。それがフランスでは普通のあいさつだったからだ。アメリカやドイツでは、初対面の相手とは握手するが普段一緒の職場で働く人と毎日握手することはない。もっと握手をしないのは英国で、初対面以外ではもうあまり握手はしなくなる。日本式あいさつのお辞儀はそれはそれでよいが、何度もペコペコするのは見た目が良くないと思うので僕は一人につき一回しかしないことにしている。

Renault 4 1961-1992

のっそりとしてラクダみたいな、農耕機なみのデザインに思えますが、実はルノー4ってターゲットとして若い女性を非常に意識してまして、実際、これに乗る女性・車、互いにひきたて合ってとても良いんですね。　キャトル・エル（Elle）と呼ばれるユエンがそこにあるワケですが、これを（おそらく）マネして女性路線を強調したのがライバルのシトロエンのディアーヌ。　どちらも、いわゆる若い女の子〜カッコイイ・オシャレなモノが似合うみたいなマンネリの短絡をしないところがそれこそカッコイイ。

Renault 5　1972-96

ルノー5が近代ルノー史上の最高傑作デザインである事に
異論をはさむ人は多くはいないだろう。この車はルノー社内の
ブエ（Boue）という人が60年代の終りにデザインしたのです
が、ブエさんはその後間もなく亡くなり受けてしかるべき
多くの賞賛を受けられませんでした。ということで今から拍手
をお願いします。パチパチパチパチ、はい有難うございました。

Renault Safrane 1992-2000

　生産車の開発には非常に長い時間がかかる。デザイン作業がおわってもその車が市場に出るまでにはまだ何年もかかる。ルノー・サフランはまだ二十歳代だった僕がデザインしたはじめての生産車だ。この車のシゴトをすべて終了させた直後に僕はルノーを辞した。数年後、フランスの高速道路の料金所の車列で本物の自動車となったこの車をはじめて見た。「やあやあ久しぶり」という感じだった。それはよいが、自分のシゴトというのはやたら欠点が目につくもので、あそこはああすればよかった、こうすればよかったとどうしてもさまざま考えてしまうものだ。あれはあれでよかったのかなと肯定的に見られるようになったのはいい加減ジイサンとなった最近のことだ。

Sports Car

Bugatti 43 1927-31

ブガッティと言えば戦前のフランスを代表する高級車／スポーツ・カー、と今日では疑いもなく思われているが、ブガッティ創業の時、社の所在地はドイツだった。ブガッティの本拠はアルザス地方のモルセムにあり、アルザスは現在はフランスの一部だが、1909年その社が立ち上げられた時そこはドイツ領だったのだ。アルザス地方の出身者にアフリカで医療活動をしたかのシュヴァイツァー博士がいる。シュヴァイツァーという名はドイツ名で彼の出生時のアルザスはドイツ領だったが彼自身は自分をフランス人と考えていたそう。……ちなみにヨーロッパではフランス料理とドイツ料理とははっきり分かれた別のものとは考えられていない。

つわものたちの夢

　1960年代、僕が子供の頃はスポーツ・カーと聞くとMGとかトライアンフなどの小型のオープン2座席車がまず頭に浮かんだ。そのすこしあとになってアルファ・ロメオSZとかアバルトのようなレース場と公道を二股で走れるような車の存在を知り「あれぞ本格のスポーツ・カー！」などと思ったりした。

　しかしのどかな時代は足早に過ぎ去りいがらっぽい時代がやってきた。即ち70年代に自動車の安全問題がクローズ・アップされると「小型オープン2座席車」の一群はそそくさと姿を消し、またレース出場車の専門化が進んで「本格のスポーツ・カー」たちは居場所をなくしてこれも消滅。そのご公害問題がマスコミの話題の5割を占めるようになると自動車は悪となり、自動車メーカーは車の塗色をなるべく目立たない色ばかりに抑える「カメレオン作戦」でなんとか乗り切るのに必死。とてもスポーツ・カーなど手が出せない。

　そんな問題がやっとノド元をすぎたと思うと自動車の開発コスト・生産コストがやたらに高くなっており、生産台数の少ないスポーツ・カーなど最早商売にならなくなっている。専用のスポーツ・カーの代わりにメーカーは多少エンジンを強力にし、太目のタイヤとスポイラーをつけた基本的には普通のセダンやクーペを"GT-×××"風なネーミングをつけて提供。この状態は今日まで続いている。

　近年になって2座席オープン車も少数復活し、また高価セグメント狙いの新しい高性能車などずい分生まれてきてはいるが、いやはや、僕が物心ついて以来見てきたスポーツ・カーの歴史は受難の連続だったとしか言いようがない。

　と言うか、もう今や僕にはスポーツ・カーという言葉自体が懐旧的なものにしか聞こえない。今日存在しているスポーツ・カーは過去へ向かった幻想タイム・マシーンみたいなものではないか。ノスタルジーも自動車デザインの大切な材料になり得るので僕にとってはそれもまた悪くないと言えば悪くないのだが。

Miller 122 1925

　ミラーは1920年代のアメリカを代表するレース・カー。その時代のインディ500では出場車の大半がミラーだったという。ミラーは1933年に倒産するが、従業員のひとりF.オッフェンハウザーがビジネスを買い取り、残されたミラーのエンジンをオッフェンハウザー・ブランドで販売。そのエンジンは改良を重ねつつ何と1980年代に入るまで米国レース界で現役で活躍した。絵の車ミラー122は細身で非常に美しい車だった。

Mercedes Benz SSK 1928

　この車が生まれる2年ほど前にダイムラー・ベンツ社が誕生した。それまで別々の会社だったダイムラー社とベンツ社が合併したのは1926年。あの有名な3点星マークは元々ダイムラー社のシンボルで、メルセデスという名も元々はダイムラー社が使っていた製品名。その代わり3点星マークの周囲の月桂樹部分は元々はベンツ社のシンボルの一部であり、日本では"ベンツ"という呼び名が最も人口に膾炙（かいしゃ）している。ちなみにダイムラー創業者のゴットリープ・ダイムラーとベンツ創業者のカール・ベンツは互いに面識はなかったそうな。

Delahaye 165 Roadster Figoni & Falaschi 1939

　Delahayeという車名は原語フランス語では何と発音されるのか。それは日本の自動車ファンの間で長い間の疑問であった。こういうマニア・トークにあまりにマジになったりするのはヤボであろうが、答を書くなら"ドゥライェ"というのが実際の発音に最も近いカタカナ表記であろう。ちなみにアクセントは最後の"イェ"の部分にある。ハングル文字は組み合わせによってフランス語でも英語でも、それ以外のどんな外国語の発音でも表記することができるという。英語の時間に発音記号などおしえるのはやめてハングル文字で発音をおしえれば韓国語も読めるようになって一石二鳥ではないか。

Delahaye 135 MS Cabriolet Figoni & Falaschi 1938

世に自動車のイラストは数限りなくありますがデザイナーが描くとどうしても普段のくせで説明的な絵になりますね。面が正確に読めるようにとか材質がわかるようにとかですね。別にあとでモデルしようってんじゃないんですから気にしないで好き勝手に描きゃいいのにナゼか手がそういう風に動いてしまう。中華の料理人がグラタンとかつくってもゴマ油だの八角なんか入れないでできるんですがねェ（なんかちょっと違うらしい）。

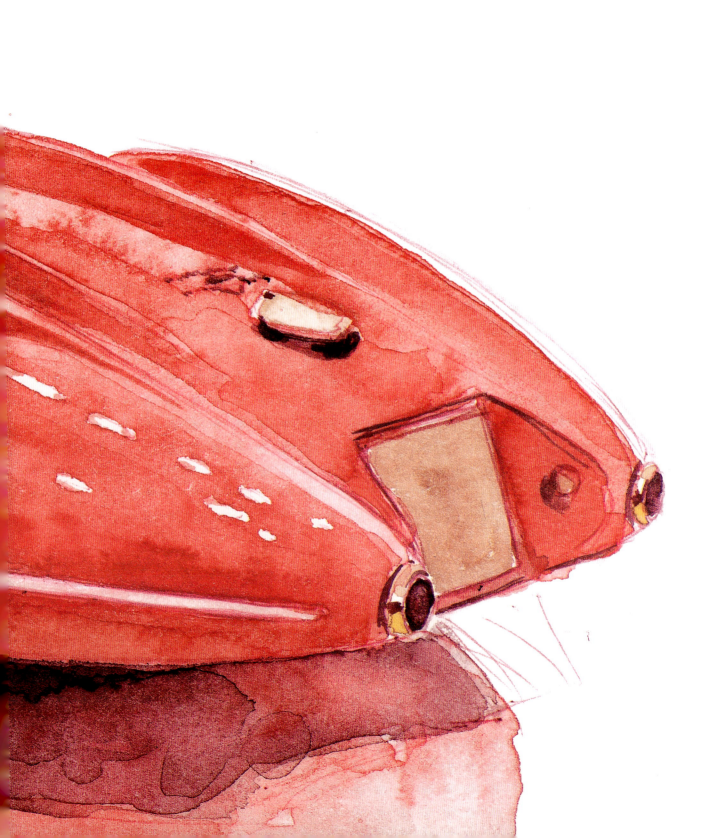

Alfa Romeo Disco Volante
1952-53

　ディスコヴォランテとは空飛ぶ円盤のことでその名がつけられたのはこの車の当時センセーションを巻き起こしたデザインのゆえだ。1932年から86年まで、アルファ・ロメオはイタリアの国営企業だった。税金で運営される国営企業がそんなブッ飛んだレース・カーをつくってしまうのだからイタリアってのはいい国だ。やはり食べものがおいしいからいい国になってしまうのか。

OSCA MT4 2AD 1953

　イタリアでは赤信号でもそろそろと停止線を越えて行ってしまう人がよくいる。左折禁止の交差点を左折する人などいくらでもおり、普段2車線の道が混んでくると3車線4車線になってさらには対向車線を走る人まで出てくる。しかし危ないと思ったことなど一度もない。むしろ走りやすい。ルールどおりに走るということと安全に走るということは常に重なるわけではない。イタリアは大変な文化国だと僕は思っている。

Ferrari 250GT Coupe Pininfarina 1958-60

この時代のピニンファリーナのデザインの特徴は即興性や劇的な視覚要素を排除し、素の自動車の姿を高い完成度で見せるというものだった。言うなら小津安二郎風。でも今ならそいつは一番ウケないタイプの車デザインなんですがね。この絵の1960年頃のフェラーリ250GTには正にその小津風特徴が強く表れている。僕は素晴らしいと思いますけどね、どうです？

Ferrari 250GTO 1962-64

本文とは何の関係もないサシ絵。250GTOは人気ありますねぇ。僕はそれほど高く評価しないですけどね。ウインドシールドが立ち過ぎて背も高すぎると思います。過渡的な64年型の方がずっと好きです（ちょっとマニヤックでした）。バックの色、間違えました。指でかくして見て下さい。

Alfa Romeo Giulia TZ 1963-64

　この車をデザインしたのはイタリアのカロッツェリア・ザガートだ。この時代のザガートのデザインは日本では非常に人気がある。ところが欧米ではあまり評価されておらず、欧米人からすればなぜあんなデザインが日本ではウケるのかワカランということになるだろう。日本人独自の好みを反映した自動車デザインとはどういうものかというのは非常にむずかしい問で日本のメーカーは常にその答をさがしているものと思うが、このイタリア車はそのひとつの答をあぶり出している。

Lancia Aurelia B24 Spyder 1954-55

ちょっとモディファイして描いたら、
やっぱり何となく似てない。アセル。

ランチア・アウレリア・B24・スパイダー

Lancia Flaminia Sport 1959-63

ランチアのフルヴィア・スポーツをはじめてイセタンの地下で見たときはあまりのカッコ良さに絶句、何時間もそばを離れられなかったおぼえがある。中学生の頃のハナシです。
フルヴィア・スポーツをデザインしたのはミラノのしにせカロッツェリア、ザガートであるが、月日はたち今やそのザガートのチーフ・スタイリストをつとめるのは僕の知りあいの原田さんという方だ。僕の期待は大きい！　上の絵はフルヴィア・スポーツではありません。あしからず。

Lancia Stratos HF 1973-78

　この車の造形テーマは「相関体」である。と、そう以前にこの車のデザインについて書いたことがある。そのとき「相関体」か「相貫体」か、漢字が判然とせず国語辞書にあたったがそんなことばはどこにも出ていなかった。他の辞書をいくつも見たがどれにも出ていない。これは全くの自分の思いちがいだったかと思いはじめたとき、なぜかある和英辞書に「相関体」ということばが出ているのを見つけた。意味のわからない日本語を英訳しようという人はいないと思うのだがなぜ国語辞書に出ていないことばが和英にだけ出ているのか？　で、「相関体」とは何のことかであるが、説明が大変なので和英辞書で自分で調べてください。

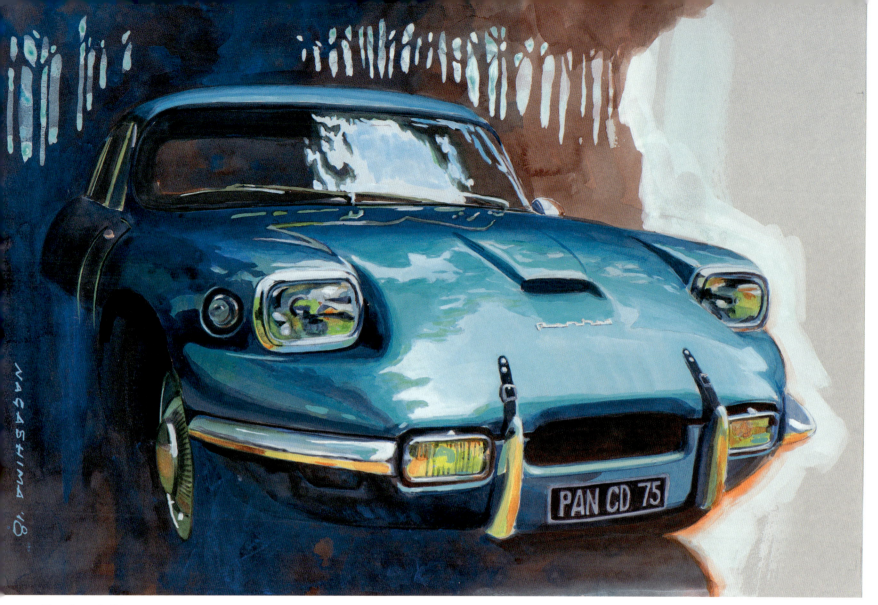

Panhard CD 1962-65

この時代のフランスのスポーツ・カーは空気力学に非常に力を入れており、デザインの際の空力実験にはパリ郊外サン・シールにあるパリ大学航空技術研究所の風洞実験場が多く使用された。その同じ風洞を僕が勤めていた頃のルノーも使っていた。つまり僕も何度もそこに行ったことがあるが、1911年建造のその施設はそのテのものとしては世界最初の例のひとつで超アンティーク。木材で支えられた風洞は実験がはじまるとギシギシメリメリと分解しそうな音をたてた。ところが得られるデータは誤差が少なく非常に正確だから不思議。ちなみに現代に通ずる風洞実験設備を最初に考案したのはエッフェル塔の設計者ギュスタフ・エッフェルである。

Alpine A110 1961-77

ルノーのチューナーとして最も成功したアルピーヌ社。その創業者の親戚筋にあたるレーサーあがりのCという人物が僕がルノーに勤務しているとき役員メンバーにいた。ずっと後年、日本企業とフランス企業間のコーディネートをしている知り合いが東京でCに会ったという。Cはすでにルノーから他の会社に移っていたが僕のことは憶えていたという。そして「あの頃はよかった!」と天を仰いで嘆息したという。事情は全く知らないが「まあまあ」と肩を叩いてやりたいような気がする。歳か?

MG TC Midget 1945-49

スポーツ・カーの原形。もちろんこの車よりはるか以前からスポーツ・カーは存在したわけだがなぜかMG TCというとスポーツ・カーのオリジンのように思えてしまう。昭和のエプロンおばさんの時代、日本ではMGがスポーツ・カーの代表のような存在だった時期があったが、その頃の刷り込みによるものかもしれない。外国製スポーツ・カーは当時大金持ちの道楽の象徴だった。MGのステアリング・ホイールにビロードのカバーをかけるのはつくった人に対する冒涜だ、とそのころ伊丹十三が書いていた。世界的に見れば、MGは最も安価で平凡な性能の大衆的スポーツ・カーだ。昔の日本ってカワイかった。

Jaguar E-type 1961-75

　ジャガー、パンサー（豹）、プーマ、タイガー、クーガー、レパード（これも豹）、レオーネ（ライオン）、ワイルド・キャットといった名の自動車が歴史上現われた。しかしイヌ科の名をもつ車は（すくなくとも生産車では）ちょっと思いつかない。どーゆーことでしょー？

　まだ小学校1〜2年の頃にはじめてジャガーEタイプを見たときの衝撃は忘れられない。そのショッキングにカッコイイ車は実家のそばの草の茂る広いあき地の横手に駐められていた。えんじ色のロードスターだった。という話はそれとして。実家は東京都内だがあんなところにあんな広いあき地があったことの方が、今思えば衝撃の事実ですねえ。

Porsche 911 Carrera RS 1973

　この時代のポルシェは天気が変わるとエンジンの調子も変わるような繊細な車だった。そのデザインは情感を排し、冷たい無機的な印象があったが、実際に乗ってみると機械としての突き詰めた緻密さがかえってあたたかみのある生きもののような感じを与えることを知った。現代の自動車は機械的にはさらにより高度なものになっている。しかし生物に接するようなときめきを与える車はもうない。

BMW 3.0 CS 1971-75

BMW 3.0 CSL 1971-75

BMW Z3 1995-2002

　福島の原発事故直後、それをうけてドイツでは大規模な反原発デモが主要各都市で行われ、その参加人数は合計数十万人に達した。それに対応し原発推進派だった保守政権のメルケル首相は方針を変更し「もはや選択の余地はない」と将来的な原発の全廃を決定。そのご現在でも原発は稼働しているが、一方で代替エネルギーによる発電量は着々と増え、風力発電、太陽光発電のどちらでもドイツは世界一となった。2020年には全電力の30パーセントがクリーンエネルギーにより賄われることになる予定という。──民主主義とは政治が民意を行うことだ。

Series for CAR GRAPHIC

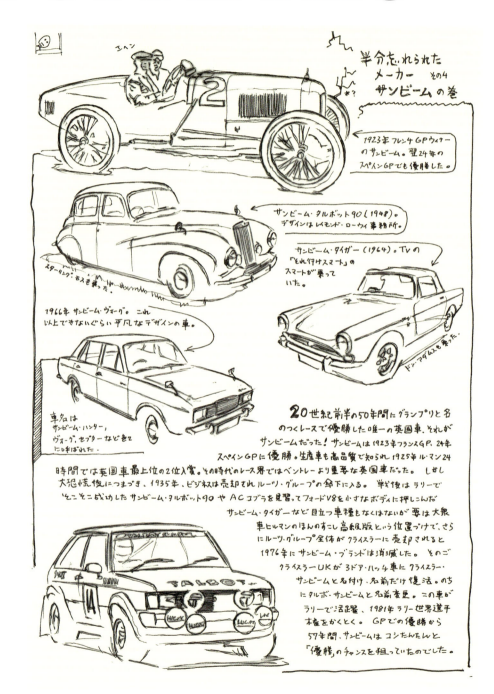

11年目の連載

「18枚です」。担当の編集者にそう言われた。『CAR GRAPHIC』誌に連載をはじめる一番最初のときのことだ。18枚とは毎月の原稿の枚数である。頭がくらくらした。作文を書いたのは高校生のときが最後で7-8枚の原稿用紙の升目をものすごい苦労して埋めた。でももらった点数は、たしかヒドかったな。

以後僕は文章を書こうとなど思ったこともなかった。だから連載の依頼が来たとき断ればよかったのだが、それをうっかり引き受けてしまったのはCG誌が僕の長年の大愛読誌で舞いあがってしまったためだ。

その時より毎月まっ白な原稿用紙のタバの前で呆然（ぼうぜん）。「何書きゃいいわけ？」。ところが右も左もわからぬままひと月またひと月と何とかゴマカシながら書いていると不思議なことに気付いた。文を書くこととデザインすることは何かがよく似ている。強いて言えばそれは両者における「気の集め方」のような部分かも知れない。いや何だかよくわからないが、ともかくもそうしてデザインとの共通点に漠然とながら気付いたあたりからすこし文を書くことが楽になってきた。

自動車のイラストも、描いたことなどなかった。デザインのためのスケッチなら、そりゃ随分描いてきたが、デザイン用の絵とイラストでは全く別のものである。ところがこちらはどういうものかいくら描いてもちっとも楽になどならない。逆にどんどんむずかしくなってくるように思えるのは、一体何故なのだろう？

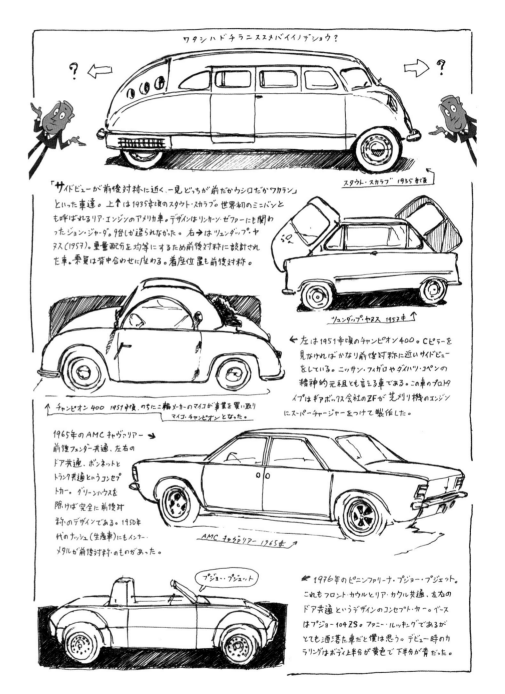

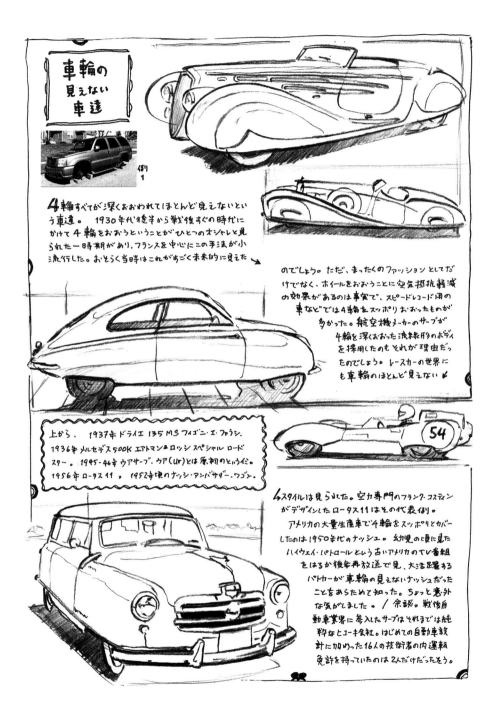

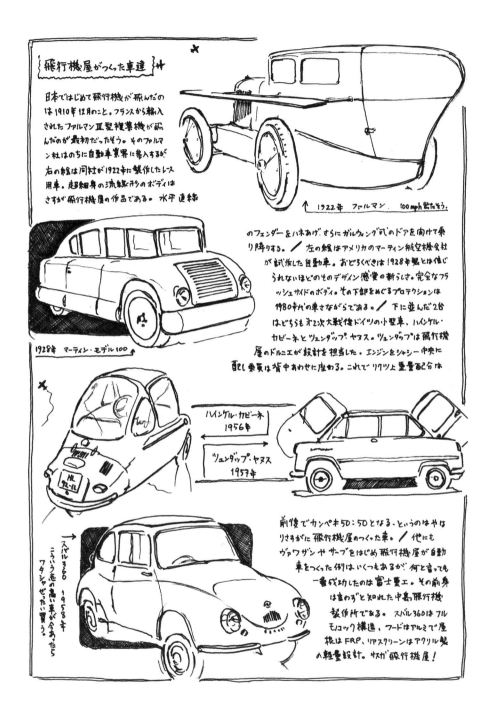

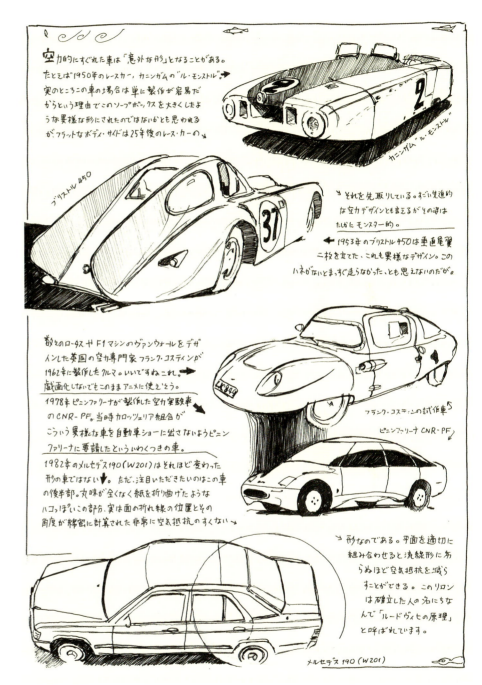

僕が水彩で車の絵を描くようになった理由(わけ)　永島譲二

　1970年代のおわりから80年代のはじまりにかけて、僕は米国ミシガン州デトロイトで大学生をやっていた。通っていたウェイン・ステートという州立大学はいわゆる総合大学で経済・教育・機械工学・法学・医学等々さまざまそろった中に芸術学部もあり、そこの工業デザイン科に僕は入ったのである。

　デトロイトに行った当初、大学に入るつもりはあまりなかった。が、その地に行ったのちある機会に大学入学に必要な語学検定試験を受けたところどういうものかスッと基準点に達してしまったため「じゃあ行こうか」と急に考えを固めたわけである。下調べを全くせずに、たまたま市内で目についた大学に入ってしまった形である。

　新学期がはじまり授業に出てみると、やはりクラスのレベルはあまり高いとは言えないようだった。でもよく考えれば当然のことだ。そこは専門の美術大学などではない。全米に無数にある州立大学のひとつで、工業デザインに特に力を入れているわけでは全くない。

　しかしその一方で意外なアドバンテージも発見した。授業にひととおり出てみると、デトロイトという土地柄、自動車メーカーのプロのデザイナーが2人ほど夜のクラスの講師として来ていることがわかったのである。かねてより自動車デザインの道に進みたいと考えていた僕にとってこれは大きな幸運だった。即ち普段の授業の課題とは別に盛んに自動車のデザイン・スケッチを描いてはそれをその講師たちに見せ、意見を仰ぐことができた。

　またそうした講師に就職についての相談をすることも可能だった。僕の入ったのは大学院だったから入学すると割とすぐに卒業ということになってしまう。僕としては就職の第一志望はゼネラルモーターズ(GM)と考えていたが、都合よく講師のひとりはGMから来ていたのである。

　その講師から情報を得、GMに面接に行くことができた。そしてそのごGMでは何度もの面接を重ねた。ただ、面接で会う人のすべてから多少不審気な顔で同じ質問をされた。それは「なぜ君はウェイン・ステートに行っているのか？」という質問である。然り、GMとかフォードのデザイナーになろうというような人は通常もっと名のあるデザイン専門大学から来る。

　そうした専門校の中でも最も高名なのがカリフォルニア州パサディナにあるアート・センター・カレッジ・オブ・デザイン、通称アート・センターである。アート・センターには自動車デザインに特化した学科がある。と言うかそもそもその学校自体が自動車デザイナーの養成を目的にアメリカの3大自動車メーカーが資金を出し合って設立したというもの。その世界では特権的ステータスをもつ学校で、言うまでもなく授業のレベルも学生のレベルも非常に高い。

　そうしたことをよく承知していたので、面接で「君はなんでウェイン・ステートに行っているの？」と不審気に尋ねられたときには一瞬グッと詰まった。たまたま入ってしまっただけです、とホントのことを言うのもどうも具合が悪い。そこで僕はちょっと考え「アート・センターに行こうと思ったが授業料があまりに高くて無理だったのです」という答をひねくり出した。私立大学のアート・センターは授業料が目茶苦茶に高いことでも有名で、4年間も行ったら家一軒建つぐらいのお金がかかるという。それでも行く人は行くわけだが、とりあえず僕の返した答に相手はああそれなら仕方ないと納得し、「いやたしかにあの学校は本当に高いからねえ」と同情すらしてくれたのであった。

　こんな具合の数度の面接ののち、僕は運よくオファーをもらうことができた。GMでデザイナーとして働くこととなったのである。その際僕はひとつのリクエストを出した。GMのヨーロッパの拠点であるオペルで働きたいと申し出たのである。オペルはドイツの会社だが昔から100パーセントGMの資本下にありGMの最も重要な海外拠点になっていた。丁度そのときオペルもデザイナーをさがしており、話は都合よくまとまり、僕はドイツに渡ることとなった。

　実際にオペルのデザイン・スタジオに足を踏み入れたとき、予想はしていたものの僕はショックを受けた。あまりにもレベルが高いからである。で、若い世代のデザイナーのほとんど全員がやはりアート・センターの出身者であった。皆、上手い。特にアート・ワーク（スケッチやレンダリング）のレベルがものすごく高い。自分のスケッチを並べるのがためらわれるぐらい。さすがにコイツラ高い授業料払っただけのことはあるな、と感心。

　しかし感心している場合ではない。初日から周囲の皆に追いつくことが僕の目標となった。必死の追いかけである。サバイバル追撃である。

人間、こうした状況では脳が特別信号を発するのか普段よりグッと吸収力が強力になるようである。それで、他人の技術なども短時間で丸ごとのみこんでしまえるようになる。と言うか、そうした「必死モード」に入ってしまうともう自然と自分の作風が手本とする相手のそれと似てくるのである。そしてさらには本人が止めようと思っても止まらなくなって、ついにはスケッチなど第三者が見るとどちらが描いたのかわからないぐらいにホントにそっくりに似てきてしまう。

　昔のいわゆる師匠と弟子との間の技術の伝承とはこういうことだったのだろうとマジ思った。職人の世界や芸能の世界で弟子のすることは自然と師匠そっくりになっていく。

　と、この伝で僕は多くを吸収した。アート・センター流もそれ以外の流儀も、目につく良いと思われる他人の技術のほぼ悉くをものすごいスピードで自分の中に収めることに成功した。高額の授業料も払わずに吸い取らせてもらってワリいねぇ。

　5年ほどのち、僕はオペルから他の会社に移籍した。でも体の中に入ってしまったものは最早失うことはない。もうその頃までには吸い取るべきものはすべて吸い取っており、その世界で生きていくのに充分以上の量の技術を自家薬籠中の物としていたと言ってよい。そのままでずっとやっていけるだろう。あーよかった。

　しかしある時期から僕はこの身につけたものを破らなくてはならないと思いはじめた。師匠のそっくりさんのようなことをいつまでも続けていたのでは駄目なのだ。自分は自分の流儀を確立しなければならない！

　しかしこれは中々むずかしいことだった。人間、吸収することはできても吸収したものを手離すことは記憶喪失にでもならない限りはとてもむずかしい。他人から吸い取った「芸」が本当に自分のカラダの一部みたいになってしまっているのである。しかしその殻を破らない限りはこれ以上のびることはできない。さあアナタならどうする？

　僕は画材をすべて捨て去ることにした。その当時自動車デザインのスケッチ／レンダリングはマーカーとパステルを使って描かれるのが常識だった。ア

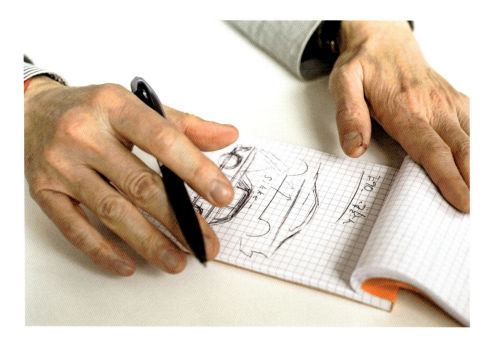

ート・センターでおしえる表現技術も他のどんな流儀も、すべてはマーカー／パステルをいかに扱うかのテクニックで、僕が吸収した技術も当然その同じ画材の使用を前提としたものだった。

　そうだ、窓を開けてマーカーとパステルを捨ててしまおう。そして全くちがう画材に変えてしまえば、身にしみ込んだ技術ももう使えなくなる。そうすれば否でもそこからは自分の流儀を開拓せざるを得なくなるだろう。

　そう考えて全く異なる画材に挑戦することにした。それが水彩だったのである。水彩でデザイン・スケッチを描くことにしたのである。今日び水彩画でシゴトをしている自動車デザイナーなんて、世界にまずほとんどいないだろう。いやそれより何を悠長なことやっているのかと笑われるだろう。僕だってオカシイと思いますもん。でも僕はこの画材チェンジを断行した。

　それで、本当に自分独自の流儀は開拓できたのか？　それはわからない。ただ思うのだが、もしはじめからアート・センターに行っていたらどうなっていただろう。より早くからそこそこの技術を身につけ、就職してからビックリして必死の追撃など焦ってする必要もなかったろう。でもそうしたら水彩で車の絵を描くことも一生なかったのかも知れない。

　大きく言うならこれも運命だったのカナ、と思うこのごろである。

永島讓二

1955年11月24日、東京に生まれる。アダム・オペルAG、ルノー公団を経て、1988年11月にBMW入社。E39（4代目5シリーズ）やZ3などの新世代デザインでBMWデザイン史に新風を吹き込んだ。2005年のE90（4代目3シリーズ）では"面的なデザイン"というキーワードを提唱し話題を呼ぶ。現在も世界に点在するBMWのデザインスタジオを東奔西走する。

Car Designer Joji Nagashima
カーデザイナー 永島讓二

2018年12月7日 初版第1版発行

著　者	永島讓二
発行者	加藤哲也
発行所	株式会社カーグラフィック 東京都目黒区目黒1-6-17 Daiwa目黒スクエア10F 電話　代表：03-5759-4186 　　　販売：03-5759-4184
デザイン	白石良一　佐々木絵海
協　力	名古屋芸術大学　NAGOYA UNIVERSITY OF THE ARTS
印　刷	光邦

Printed in Japan
ISBN 978-4-907234-22-5
©CAR GRAPHIC　無断転載を禁ず